地球的生命故事

中国古生物学家的发现之旅

总主编 戎嘉余

第 二 辑 璀 璨 远 古

达尔文的困惑：
寒武纪大爆发

赵方臣 著

江苏凤凰科学技术出版社·南京

图书在版编目（CIP）数据

达尔文的困惑：寒武纪大爆发 / 赵方臣著. — 南京：江苏凤凰科学技术出版社，2024.9
（地球的生命故事：中国古生物学家的发现之旅.第二辑，璀璨远古）
ISBN 978-7-5713-4027-8

Ⅰ.①达… Ⅱ.①赵… Ⅲ.①寒武纪－古生物－普及读物 Ⅳ.①Q91-49

中国国家版本馆CIP数据核字(2024)第026293号

地球的生命故事——中国古生物学家的发现之旅
（第二辑　璀璨远古）

达尔文的困惑：寒武纪大爆发

总　主　编	戎嘉余	
著　　　者	赵方臣	
责 任 编 辑	段倩毓　朱　颖	
助 理 编 辑	王　静	
责任设计编辑	蒋佳佳	
封 面 绘 制	谭　超	
责 任 校 对	仲　敏	
责 任 监 制	刘　钧	

出 版 发 行	江苏凤凰科学技术出版社
出版社地址	南京市湖南路1号A楼，邮编：210009
编 读 信 箱	skkjzx@163.com
照　　排	江苏凤凰制版有限公司
印　　刷	盐城志坤印刷有限公司

开　　本	718 mm×1 000 mm　1/16
印　　张	4
字　　数	100 000
版　　次	2024年9月第1版
印　　次	2024年9月第1次印刷

标 准 书 号	ISBN 978-7-5713-4027-8
定　　价	24.00元

序言

　　摆在读者面前的是一套由中国学者编撰、有关生命演化故事的科普小丛书。这套丛书是中国科学院南京地质古生物研究所的专家学者献给青少年的一份有关生命演化的科普启蒙礼物。

　　地球约有 46 亿年的历史，从生命起源开始，到今日地球拥有如此神奇、斑斓的生命世界，历时约 38 亿年。在漫长、壮阔的演化历史长河中，发生了许许多多、大大小小的生命演化事件，它们总是与局部性或全球性的海、陆环境大变化紧密相连。诸如 5 亿多年前发生的寒武纪生命大爆发，2 亿多年前二叠纪末最惨烈的生物大灭绝等反映生物类群的起源、辐射和灭绝及全球环境突变的事件，一直是既困扰又吸引科学家的谜题，也是青少年很感兴趣的问题。

　　我国拥有不同时期、种类繁多的化石资源，为世人所瞩目。20 世纪，我国地质学家和古生物学家不畏艰险，努力开拓，大量奠基性的研究为中国古生物事业的蓬勃发展做出了不可磨灭的贡献。在国家发展大好形势下，新一代地质学家和古生物学家用脚步丈量祖国大地，不忘经典，坚持创新，取得了一系列赢得国际古生物学界赞誉的优秀成果。

　　2020 年 7 月，中国科学院南京地质古生物研究所和凤凰出版传媒集团联手，成立了"凤凰·南古联合科学传播中心"。这个中心以南古所科研、科普与人才资源为依托，借助多种先进技术手段，致力于打造高品质古生物专业融合出版品牌。与此同时，希望通过合作，弘扬科学精神，宣传科学知识，能像"润物细无声"的春雨滋润渴求知识的中小学生的心田，把生命演化的更多信息传递给中小学生，期盼他们成长为热爱祖国、热爱科学、理解生命、自强自立、健康快乐的好少年。

　　这套丛书，是在《化石密语》（中国科学院南京地质古生物研究所70周年系列图书,江苏凤凰科学技术出版社出版,2021年)的基础上,很多作者做了精心的改编,随后又特邀一批年轻的古生物学者对更多门类展开全新的创作。本套丛书包括八辑:神秘远古,璀璨远古,繁盛远古,奇幻远古,兴衰远古,绿意远古,穿越远古,探索远古。每辑由四册组成,由30余位专家学者撰写而成。

这个作者群体,由中、青年学者担当,他们在专业研究上个个是好手,但在科普创作上却都是新手。他们有热情、有恒心,为写好所承担的部分,使出浑身解数,全力协作参与。不过,在宣传较为枯燥的生命演化故事时,做到既通俗易懂、引人入胜,又科学精准、严谨而不出格,还要集科学性、可读性和趣味性于一身,实非一件"驾轻就熟"的易事。因此,受知识和能力所限,本套丛书的写作和出版定有不周、不足和失误之处,衷心期盼读者提出宝贵的意见和建议。

为展现野外考察和室内探索工作,很多作者首次录制科普视频。讲好化石故事、还原演化历程,是大家的心愿。翻阅本套丛书的读者,还可以扫码观看视频,跟随这些热爱生活、热爱科学、热爱真理的专家学者一道,开启这场神奇的远古探险,体验古生物学者的探索历程,领略科学发现的神奇魅力,理解生命演化的历程与真谛。

这套崭新的融媒体科普读物的编写出版,自始至终得到了中国科学院南京地质古生物研究所的领导和同仁的支持与帮助,国内众多权威古生物学家参与审稿并提出宝贵的修改建议,江苏凤凰科学技术出版社的编辑团队花费了极大的精力和心血。谨此,特致以诚挚的谢意!

中国科学院院士
中国科学院南京地质古生物研究所研究员
2022 年 10 月

目　录

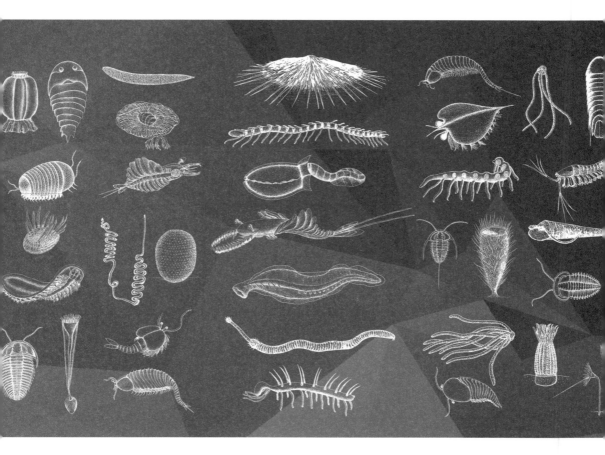

（中国科学院南京地质古生物研究所供图）

1. 达尔文的困惑

达尔文的困惑

寒武纪是距今约 5.38 亿~4.85 亿年的地质时代，代表显生宙的开始。寒武纪早期是生命演化史上一个非凡的瞬间，这个瞬间凝聚了关于人类自身和与人类相依并存的其他一切动物类型起源的伟大故事。

在寒武纪时代，各古大陆分散在地球中低纬度地区，超大陆冈瓦那正在南极附近形成，南北两极是一片汪洋。全球气候温暖，海平面持续上升，各大陆边缘被海水覆盖，形成广阔的浅海。陆地上一片荒芜，海洋里已经发生翻天覆地的变化，包括形形色色的动物在内的奇妙生命大量涌现（图 1-1）。寒武纪是最能激发人类想象力的地质时代。

达尔文，英国生物学家、演化论的奠基人。恩格斯将演化论列为 19 世纪自然科学的三大发现之一（其他

图 1-1　寒武纪生命（以距今 5.18 亿年的澄江动物群为依据的生态复原图）（杨定华绘）

两大发现是细胞学说、能量守恒定律）。演化论的伟大意义，一是阐述了从古猿到人类的演化过程，以摧毁各种唯心的神创论；二是揭示了物种从简单到复杂的渐变式演化规律，反驳物种不变论。

达尔文相信演化中没有飞跃，他说："由于自然选择仅能通过累积些微的、连续的、有利的变异来起作用，所以它不能产生巨大的或突然的变化；它只能通过一些短小而且缓慢的步骤进行。"这就是达尔文演化论中的一项重要内容——渐变论。

然而，达尔文发现他的渐变论很难解释寒武纪出现的这一幕盛大而壮丽的生命大爆发景象。

在地球生命约 38 亿年的演化历史（图 1-2）中，自地球诞生算起的 35 亿年内，生命演化非常缓慢，主要为单细胞生物这样的简单生命。然而，古生物学家们在考察中发现，在距今 5.4 亿~5.2 亿年，即寒武纪最初的 2000 万年内的地层中，突然涌现出大量与现生动物有亲缘关系的复杂多门类动物化石。现今海洋中几乎所有的动物门类和许多已经灭绝的动物门类，在寒武纪这一相对较短的地质时期内快速出现，这一生命演化事件被称为"寒武纪大爆发"。寒武纪大爆发是地球生命演化史上最重要的演化事件。

　　寒武纪的生命爆发式演化现象与达尔文的生命演化渐变论似乎是冲突的。那么，真的存在寒武纪大爆发吗？寒武纪生物不可能凭空而生，它们的祖先是谁？它们经历了怎样的演化？它们之间的过渡类型又是什么？……达尔文陷入了深深的困惑。

　　1872 年，达尔文在《物种起源》第六版第十章中写道："无可置疑，寒武纪和志留纪的三叶虫是从某种甲壳类动物演化而来的，而这种甲壳类动物应该生活在寒武纪以前很长一段时间内……如果我的学说是正确的话，无可置疑，在寒武纪最下部地层沉积之前应当有一段相当长的时间存在，这段时间可能与寒武纪到现代整个时间一样长，甚至更长……但是，为什么没有发现在寒武纪之前富含化石的地层呢？我不能给出满意的答案……这种现象在目前是令人费解的，可能会真正成为反对本学说的有力证据。"

　　在达尔文的逻辑中，寒武纪的这些复杂的生命并不是突然出现在寒武纪的，它们必定经历了漫长的演化过程，有过程就会有痕迹，这些痕迹应该就保存在前寒武纪的地层中。而当时没能在前寒武纪的地层中发

图 1-2　地球生命的演化历史（谭超绘）

地球生命演化重要事件

200 万年前，人类出现

3400 万年前，灵长类动物出现

6500 万年前，恐龙灭绝

1.25 亿年前，第一朵花绽放

1.5 亿年前，原始鸟类出现

2.1 亿年前，哺乳动物出现

2.3 亿年前，恐龙出现

2.5 亿年前，地球历史上最大的生命灭绝事件

3 亿年前，爬行动物出现

3.6 亿年前，两栖动物出现

3.8 亿年前，陆生动物出现

4.2 亿年前，有颌类动物出现

4.3 亿年前，早期陆生维管植物出现

4.9 亿年前，奥陶纪生命大辐射

5.2 亿年前，第一条鱼出现

约 5.38 亿年前，寒武纪大爆发

6 亿年前，动物出现

16 亿年前，多细胞藻类出现

22 亿年前，真核细胞出现

34 亿年前，蓝细菌和叠层石出现

约 38 亿年前，生命出现

45 亿年前，地球形成 / 地球圈层分化

现这些动物的简单祖先，达尔文认为这是因为地质记录不完整。也就是说，达尔文认为，大量结构复杂的动物的化石在寒武纪地层中突然出现是一种假象，这些动物在前寒武纪就有，只是没有化石保存。达尔文的这一解释影响深远，直到 20 世纪中叶，人们都没有真正意识到寒武纪大爆发的真实性。

显生宙

显生宙是地质年代，包括古生代、中生代和新生代，也就是从距今约5.38亿年寒武纪到现在的地质时限。自寒武纪开始，逐渐演化出较复杂的动物，动物具有外壳和清晰的骨骼结构，自此，肉眼可见的宏观化石记录大量出现，显生宙因此也称"看得见生物的年代"。

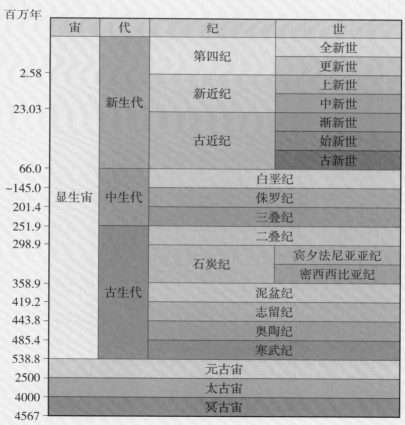

百万年	宙	代	纪	世
			第四纪	全新世
2.58				更新世
		新生代	新近纪	上新世
23.03				中新世
			古近纪	渐新世
				始新世
66.0				古新世
~145.0	显生宙	中生代	白垩纪	
201.4			侏罗纪	
251.9			三叠纪	
298.9			二叠纪	
			石炭纪	宾夕法尼亚亚纪
358.9		古生代		密西西比亚纪
419.2			泥盆纪	
443.8			志留纪	
485.4			奥陶纪	
538.8			寒武纪	
2500			元古宙	
4000			太古宙	
4567			冥古宙	

图1-3 地质年代表

2. 寒武纪大爆发是真实存在的演化事件

　　如今，科技取得了突飞猛进的发展，古生物学家在前寒武纪的古老地层中发现了大量化石，化石资料不像达尔文时代那么匮乏，达尔文遭遇的困难已经得到部分解决。不过，尽管地质记录不完整是一个不争的事实，但仍不能解释多门类动物化石在寒武纪地层中爆发式出现这一现象（图 2-1）。化石证据表明，寒武纪前后的生物在形态上存在巨大差异，前寒武纪生物并不能归到现生生物的分类系统里，并且多数已经灭绝。可以说，前寒武纪生物很难与现生生物直接对比，而寒武纪时期的生物与现生生物门类具有明显的亲缘关系。

　　目前世界范围内在距今约 5.6 亿~5.2 亿年的地层中发现了一系列重要的化石群（图 2-2），向我们揭示寒武纪大爆发是生命具有阶段性快速辐射并伴有大灭绝的

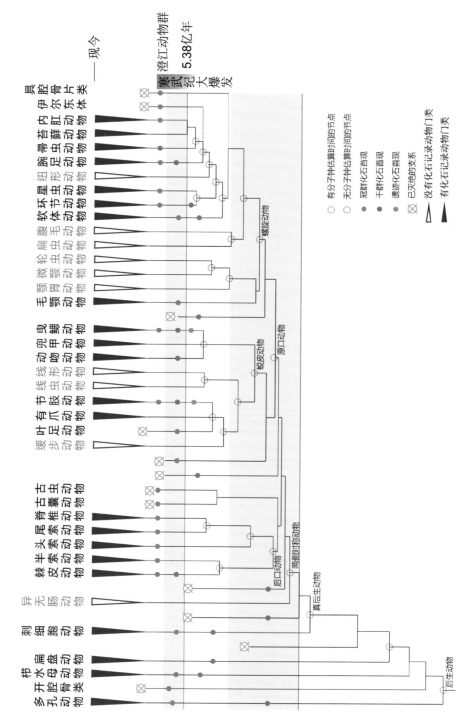

图 2-1　寒武纪大爆发概略解释图

连续演化过程。寒武纪大爆发的持续时间相对于整个生命演化史来说是非常短暂的，在不到地球历史大约 1% 的时间里诞生了现今几乎所有动物门类。在演化过程中，动物门类的出现有先后，并伴有生物快速灭绝事件。

大量现生动物门类的过渡类型为研究动物门类之间的演化关系提供了重要资料。多门类动物快速出现的同时，其生态演化也极为成功。首先，动物占领海底沉积物内层和海水不同深度的水体空间，不断扩大生活领地。其次，动物之间形成了高强度的捕食压力，构建了金字塔式的食物网结构。至此，显生宙生态系统渐具雏形。

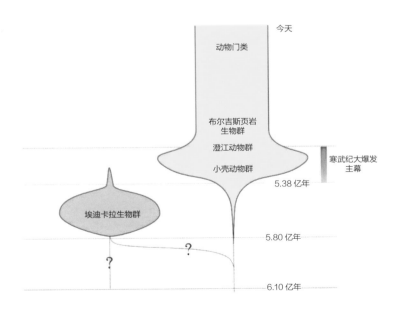

图 2-2　动物起源和动物门类形成

　　值得一提的是，寒武纪大爆发不同于动物起源，生物学家通过分子钟推测许多动物类群最早的成员，包括海绵动物、刺细胞动物和两侧对称动物在前寒武纪的埃迪卡拉纪（距今约 6.38 亿~5.38 亿年）就已经分化。

　　之所以认为寒武纪大爆发是革命性的创新事件，原因有两点。一是主要体现为动物形貌的创新，也就是门一级动物形体构型的形成。表现为形体构型多样化、身体结构复杂化和躯干骨骼化等，动物自此拥有了能够步行的腿、用于呼吸的鳃、能够捕食的牙齿、用于处理信息的脑、能够产生视觉的眼睛等。二是快速建立起类似现代的海洋生态系统。具体表现为：动物生活在海洋水体的不同空间，从沉积物内层一直到水体上层；产生了一系列重要的生态演化创新，包括底栖群落大量出现，远洋浮游生物圈快速扩张，动物的生态位开始分化，具有复杂捕食关系的食物网形成等；动物的相互作用（如共生、寄生、捕食等作用）加剧，促进了动物的生存竞争。

　　寒武纪大爆发的证据主要为前寒武纪—寒武纪的过渡时期一系列化石群（图 2-3）和对此进行的研究，尤其是对特异埋藏化石群的深入研究，如瓮安生物群、埃迪卡拉生物群、澄江动物群和布尔吉斯页岩生物群等。

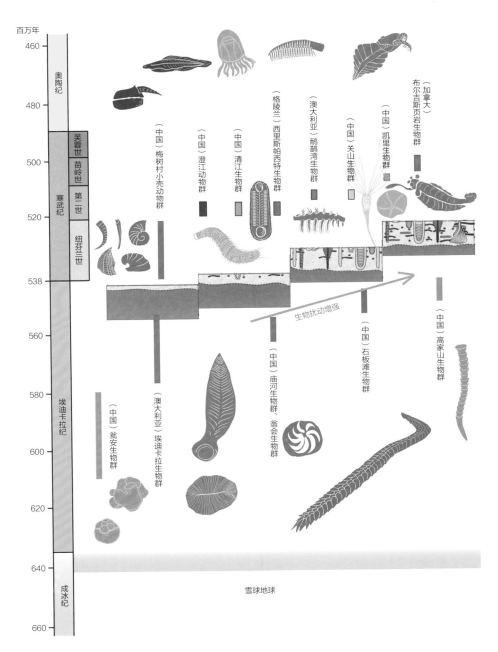

图 2-3　寒武纪大爆发前后主要的特异埋藏化石群

特异埋藏化石群

古生物学家把保存在地层中的同一地区、同一地质时代的特殊环境里的软躯体化石群，称为特异埋藏化石群。为研究方便，古生物学家将不同的特异埋藏化石群，以产地或时代命名。如澄江动物群，就是以软躯体化石最初发现地澄江命名的；瓮安生物群，最初在贵州省瓮安县发现，它也是以发现地命名的生物群。

之所以称为特异埋藏，是因为生物软组织还没来得及腐烂降解，就受到快速矿化作用，被保存为化石，这就不同于常见的矿化骨骼和生物外壳化石。例如，生物在生活时，被细腻的泥质沉积物快速埋藏，与氧气隔绝，这抑制或延缓了有机质腐烂降解的过程，有机物周围微环境变化，引导矿物沉淀，从而将没有腐烂的部分很好地保护起来，这便有可能形成软躯体化石。又例如瓮安生物群中的胚胎化石，胚胎在还没有腐烂时，快速被磷酸盐矿物矿化，随后被埋藏，这样，胚胎的精细解剖学形态特征都得以保存。

　　特异埋藏化石群不仅保存了精美的软躯体化石（图2-4），软躯体化石能提供极为丰富的生物解剖学信息，而且这些化石是被快速埋藏保存的，化石组合也保存了生态群落等重要信息。

　　特异埋藏化石群是大自然留给人类的瑰宝，蕴含着丰富的科学知识，也是人类打开远古之门的金钥匙。

图2-4　云南虫化石（此为软躯体化石）

图2-5　云南虫生态复原图

3. 寒武纪大爆发的隐形阶段和序幕

·瓮安生物群（距今 6.09 亿年）是动物起源隐形阶段生物群

古生物学家在贵州省瓮安县境内埃迪卡拉系陡山沱组含磷地层中发现了多种微体真核生物化石。这些化石呈立体保存，细节构造精美；体长大多小于 1 毫米，只有借助显微镜才能观察到它们，相比宏观大化石，这些微体真核化石可以算是隐形者了。瓮安生物群中的一些球状化石，被解释为动物胚胎化石和微体多细胞动物化石（图 3-1），是迄今世界上发现的最早的多细胞动物化石记录。近年来，古生物学家在瓮安生物群中发现了一系列重要化石，如两侧对称动物胚胎化石、有细胞结构的海绵动物化石、具盘状卵裂特征的动物胚胎化石、

A. 胚胎化石早期细胞分裂阶段
B. 胚胎化石早期细胞分裂阶段
C. 脊笼球化石
D. 贵州始杯海绵化石

图 3-1　埃迪卡拉纪瓮安生物群中胚胎化石和海绵幼体化石
（殷宗军供图）

动物原肠胚的细胞迁移重组的化石等，每一次发现都为古生物学家了解前寒武纪的生命演化历史提供了更多的证据。

瓮安生物群中大量胚胎化石的发现，揭示动物多样的发育方式已经存在，证明动物在这一时期已经起源。瓮安生物群的发现为人类展示了了解动物起源与早期演化的重要窗口，瓮安生物群被视为点亮生命的火炬，迎来动物世界的黎明。瓮安生物群为研究动物在前寒武纪的隐形演化历史、追溯寒武纪大爆发的"根"提供了极具价值的实证材料。

·埃迪卡拉生物群（距今 5.8 亿~5.4 亿年）是一次失败的演化尝试？

人们一直在前寒武纪地层中寻找寒武纪生物的祖先，终于在前寒武纪晚期的埃迪卡拉纪地层中找到了丰富的化石，但这些化石中保存的生物（图 3-2）与寒武纪及其之后的生物在形态上有着巨大差异，这说明它们

与寒武纪生物几乎没有亲缘关系，在寒武纪大爆发前，它们中的多数已经灭绝。化石记录显示寒武纪地层涌现出的化石才与现生动物具有明显的亲缘关系，这些化石记录也从一个侧面证实了寒武纪早期动物快速演化真实存在。

图 3-2　埃迪卡拉生物群复原图（杨定华绘）

前寒武纪生物以埃迪卡拉生物群为代表。1947 年，古生物学家在澳大利亚南部的埃迪卡拉地区（图 3-3）发现了一类奇特的生物，将它们命名为"埃迪卡拉生物群"。埃迪卡拉生物群是生活在前寒武纪海洋中的一群宏体软躯体多细胞生物，时代距今 5.8 亿～5.4 亿年。它们出现在成冰纪之后，当时地球回暖，冰川大面积融化。它们繁盛在埃迪卡拉纪，又迅速消失在寒武纪。

根据已有的化石证据可知，埃迪卡拉生物群中的生物有些个体较大，体长可以达到 1 米以上。这类生物造型奇特（图 3-4～图 3-6），多数呈叶状、圆盘状，缺少骨骼，似乎是在海床上匍匐或直立的扁平生物。它们

图 3-3　澳大利亚埃迪卡拉生物化石产地

没有取食器官，而且几乎没有证据表明它们之间存在捕食关系。这类化石的生物学属性一直存在争议，它们很难依照现有的生物分类标准进行分类。

图 3-4　查恩盘虫化石
（标本体长约 36 厘米）

图 3-5　埃迪卡拉水母状化石
（中国科学院南京地质古生物研究所供图）

图 3-6　三腕虫化石（中国科学院南京地质古生物研究所供图）

对埃迪卡拉生物群生物学属性的探讨

由于埃迪卡拉生物群与现生动物在形态解剖学上有巨大差异，关于埃迪卡拉生物群的生物学属性便有较大争议，目前主要有三种观点。

第一种观点是德国著名的古生物学家赛拉赫提出的，他认为这类生物不属于现生生物的任何分支，它们是一个单独的类群，称为文德生物。埃迪卡拉生物群在前寒武纪就已经销声匿迹了，它们代表的是一次失败的演化尝试。

第二种观点认为，埃迪卡拉生物群中有与现生动物相关的生物，其中一些可划归到刺细胞动物，一些可能是最早的两侧对称动物。

第三种为最新的研究观点，古生物学家根据狄更逊虫化石（图3-7）遗留的类固醇古分子证据推测，这类生物很可能是后生动物而非藻类植物。这意味着埃迪卡拉生物群可能归属于动物，而且其中一部分物种可能是现生动物的原始类型，或是与现生动物具有亲缘关系的动物。

图 3-7　狄更逊虫化石（标本长轴方向体长约 8 厘米）

　　随着研究方法和研究技术的进步，古生物学家的研究一定会不断深入，埃迪卡拉生物群生物学属性之谜终会被解开。

埃迪卡拉生物
群是一次失败
的演化尝试？

埃迪卡拉生物群是一群生活在寒武纪大爆发之前的生物，它们与寒武纪生物的亲缘关系争议很大。寒武纪大爆发的生物从何而来？达尔文依旧困惑着。

·底质革命（距今 5.5 亿~5.3 亿年）是埃迪卡拉纪—寒武纪的过渡时期生态系统发生的重大变革

记录动物活动痕迹的化石是遗迹化石，它能反映动物行为的复杂程度和运动能力的强弱。在动物还没有演化出矿化外壳或骨骼时，如果没有特异埋藏条件，动物很难保存为化石，所以遗迹化石在地层中出现往往会早于动物实体化石。遗迹化石的出现说明动物已经演化出来，并在生活环境中留下痕迹。动物的活动痕迹相对容易被地层记录，这和我们很容易见到小动物在沙滩上留下的爬迹、钻穴等，但相对难找到制造这些痕迹的小动物是同样的道理。

我们可以想象，在寒武纪大爆发时期，多门类动物大量出现，这些动物在活动中必然会留下蛛丝马迹，这些活动痕迹就会被保存为遗迹化石。古生物学家根据这些遗迹化石的多样性和复杂程度，可以研究出当时的动物演化到了什么阶段。

遗迹化石的最早记录出现在埃迪卡拉纪。埃迪卡拉纪的遗迹化石（图 3-8）类型相对简单，丰度低，垂直生物扰动浅，多发现于沉积物表面。自寒武纪开始，遗迹化石（图 3-9）的形态变得复杂多样，化石的类型大量增加，丰度、分异度也大幅提升。埃迪卡拉纪—寒武纪的过渡地层中遗迹化石的变化反映出的动物演化趋势，与实体化石记录的变化特征基本一致，这就有力地支持了寒武纪大爆发这一生物演化事件的真实性，这也说明埃迪卡拉纪—寒武纪的过渡时期是寒武纪大爆发的序幕阶段。

另外，遗迹化石显著变化，说明生物对沉积基底改造的能力不断加强。简单来说，大量动物出现，动物活动大增，动物活动对海底沉积物有明显扰动，这样的扰动会对海洋沉积基底产生重大影响，从而也对海洋生态产生影响。

在埃迪卡拉纪，海底表层发育完好的微生物席，是微生物生长形成的一种膜状结构，你可以理解为它类似于水塘底形成的绿色膜。在寒武纪，浅海环境中动物活动不断增多，动物在垂直方向上的扰动改造了海底沉积物，原本以微生物生长形成的席状结构逐渐消失，海洋沉积基底表层的沉积物逐渐混合。这个过程类似于海滩

图 3-8　埃迪卡拉纪晚期遗迹化石

图 3-9　寒武纪地层中有大量复杂的遗迹化石

上小动物的活动对海滩环境造成了影响（图 3-10）。你可以观察沙滩上小螃蟹的活动，小螃蟹在沙子中钻进钻出，扰动沙子，会使沙子不断混合。事实上，小螃蟹的活动对沙滩环境产生了一定影响。同样，蚯蚓在土壤中的活动，也是对土壤环境的改变。在寒武纪，海洋沉积基底由藻席底质转变为混合底质，这个过程称为"底质革命"。

动物扰动量的大幅增加导致海洋沉积物混合层的加深，沉积物含氧层的深度也随之增加，这有利于动物拓展生存空间。

图 3-10　海滩上的生物扰动

化石的种类

化石大体上可以分为实体化石、模铸化石、遗迹化石和分子化石四类。

· 实体化石

实体化石是保存生物遗体的化石。常见的实体化石中保存着动物骨骼、植物枝干、生物壳、贝壳等。特异埋藏化石是特殊保存条件下形成的实体化石。比如，在澄江市帽天山发现的以黏土矿物、黄铁矿等矿物保存的软躯体化石（图 3-11），由树脂包裹着生物形成的琥珀等。

· 模铸化石

模铸化石保存着生物遗体在岩石中留下的印模或复铸物，模铸化石分为印痕化石和印模化石。保存在砂岩中的埃迪卡拉化石（图 3-12），就是印痕化石。

图 3-11　实体化石（图中展示的是澄江动物群里的珍奇葫芦虫，肠道保存清晰可见）　图 3-12　模铸化石（图中展示的是模铸形式保存的埃迪卡拉化石）

· 遗迹化石

生物遗留在沉积物表面或沉积物内部的各种生命活动的痕迹，被沉积物充填、埋藏，再经后期成岩作用而保存，便形成了遗迹化石（图 3-13）。遗迹化石能反映动物行为的复杂程度和运动能力的强弱。常见的遗迹化石中保存着动物的足迹、爬痕、掘穴和钻孔的痕迹。另外，动物排泄物形成的粪化石和动物蛋化石也属于遗迹化石。

· 分子化石

生物有机质软体部分分解后，有机成分如脂肪酸、氨基酸等残留在岩层中，形成分子化石。利用常规方法不易识别这些有机成分，只有借助现代化的实验设备才能将其从岩层中分离，并进一步展开鉴定和研究。近年来，分子化石古 DNA 研究揭示人类起源和迁移的过程，引起社会的广泛关注。

图 3-13　遗迹化石（图中展示的是由古代节肢动物沉积物表面爬行形成的结构）

4. 寒武纪大爆发主幕

寒武纪大爆发的
主要化石证据

· 小壳动物群（距今 5.4 亿~5.2 亿年）

学界普遍认为寒武纪大爆发的开始，以全球寒武系下部地层矿化骨骼壳体和复杂遗迹化石的快速出现为标志。这些微小骨骼化石被称为"小壳化石"（图 4-1、图 4-2），它们包括各种针状物、管状物和贝壳，提示有多种不同类型的动物。在我国，因为云南梅树村剖面的小壳动物化石保存最好，研究最深入，所以，小壳动物群也叫"梅树村小壳动物群"。梅树村小壳动物群泛指产自我国南方寒武纪梅树村期多门类带壳动物化石群。

小壳化石属于微体化石，通常数毫米到一两厘米大小，肉眼不易观察。与已经发现的前寒武纪软体动物化石、印痕化石、菌藻类化石不同的是，小壳化石能够说

图 4-1　寒武纪地层底部岩层中密集保存的小壳化石（朱茂炎供图）

图 4-2　寒武纪小壳化石主要类型（潘兵供图）

明动物具备了硬壳，硬壳将动物的软体部分保护起来。动物从软体裸露到具有壳体，是生物演化史上的一次飞跃。后来的生物更是演化出多样的壳体，如寒武纪的三叶虫（图4-3），身披头甲、胸甲和尾甲，在海洋中横行，它是标志性的寒武纪海洋生物。正是有这些坚硬壳体的存在，生物才更容易保存为化石，我们也才能借助化石了解远古世界。

图4-3 三叶虫化石（图中展示的是产自澄江动物群中的三叶虫，该物种名为丘疹关扬虫。标本体长约8厘米）

·软躯体特异埋藏化石群（距今5.2亿~5.05亿年）

寒武纪大爆发之所以会引起公众的广泛关注，必须提到布尔吉斯页岩生物群的发现和研究（图4-4）。1909年，美国古生物学家在加拿大布列颠哥伦比亚省落基山脉进行野外地质考察时，发现了该化石群。该化石群对应的生物生活在约5.05亿年前，生物种类丰富。布尔吉斯页岩生物群化石不仅保存着动物不易腐烂的骨骼，也保存着易腐烂的组织形态，如眼睛、消化系统、神经系统等，化石中这些组织的形态结构清晰可见。

图4-4 加拿大布尔吉斯页岩生物群化石产地

　　1989年，美国古生物学家史蒂芬·古尔德基于布尔吉斯页岩生物群的研究成果撰写的图书《奇妙的生命》出版，引起了公众对布尔吉斯页岩生物群的浓厚兴趣。古尔德在书中提出了与达尔文渐变演化模式不同的、全新的生物演化模式（图4-5），认为寒武纪时期动物形体构型的分化幅度远比现生动物门类的分化幅度大，强调这是动物快速出现的爆发式演化。也就是说，所有门

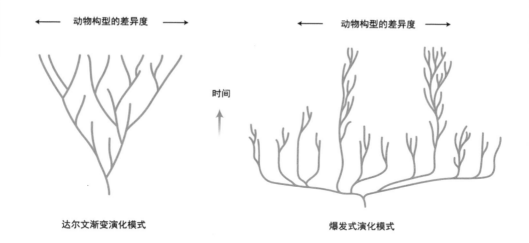

左图说明生物多样性增加，生物形态差异度增大，渐变演化出各个动物门类

右图说明寒武纪爆发式地出现远多于现生动物门类（形体构型）的动物，同时很多门类的动物也快速灭绝。寒武纪之后，生物多样性增加，但动物门类没有变化

图4-5　描绘寒武纪大爆发的两种截然不同的演化模式
（引自史蒂芬·古尔德《奇妙的生命》一书）

一级的现生动物类群和大量灭绝的相当于门一级的动物类群，都于寒武纪早期在地球上快速出现。

布尔吉斯页岩生物群全面地反映了寒武纪生物快速辐射演化事件的存在，证明寒武纪大爆发是生命演化史上发生最为快速、规模最为宏大、影响最为深远的一次演化革新事件。

现在，这类保存特征的寒武纪重要的软躯体化石库在全世界已发现了数十处，这些化石库全面地反映了寒武纪动物快速辐射演化事件的存在。

20 世纪 80 年代以来，对我国澄江和格陵兰岛寒武纪早期化石库的研究，间接证明了布尔吉斯页岩生物群中的生物形体构型的复杂程度和多样性在寒武纪早期就已具备。实际上，寒武纪大爆发的速度比古生物学家之前认为的更快。

5. 寒武纪大爆发的见证：中国澄江动物群

中国澄江动物群

1984 年 7 月 1 日，中国科学院南京地质古生物研究所的科研人员侯先光在云南省澄江县（2019 年更名为澄江市）的帽天山西坡进行地质考察时，在帽天山裸露的地层中有了重大发现（图 5-1）。侯先光研究员发

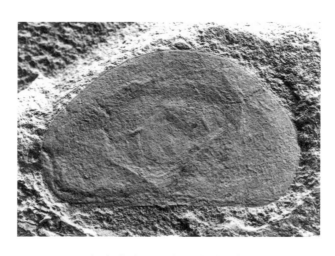

图 5-1　侯先光在澄江发现的第一枚重要化石
（中国科学院南京地质古生物研究所供图）

现了具有软躯体构造保存的化石，这批化石保存的生物生活在大约 5.18 亿年前，其中纳罗虫化石是布尔吉斯页岩生物群中的典型。侯先光研究员敏锐地意识到帽天山这批软躯体化石极不简单（图 5-2）。1985 年，侯先光和其导师张文堂先生在《古生物学报》上对澄江动物群中纳罗虫化石进行了报道，正式向世界公布这一重要的科学发现，也将世人的目光引向了苍翠的帽天山（图 5-3）。

图 5-2　侯先光的野外日记（1984 年）
（中国科学院南京地质古生物研究所供图）

图 5-3　澄江动物群化石最初发现地——帽天山

澄江动物群化石是一组精美的软躯体化石。这组化石保存了精细的组织器官形态结构，如眼睛、腿肢、口器、消化道、神经系统等形态结构，科研价值极高。古生物学家推测，可能是风暴引起的细泥将这些动物快速掩埋，与氧气隔绝；这些动物还没来得及腐烂降解，便矿化形成化石。

近数十年来，我国古生物学家持续对澄江动物群化石进行发掘和研究，目前发现该生物群的产地在云南省东部玉案山组分布的广大地区，但是仍以澄江市帽天山和昆明市滇池周边地区为核心化石产地。我国古生物学家在澄江动物群中发现的寒武纪早期动物超过 300 个物种，归属 20 多个门类（图 5-4）。这次发现为有史以来第一次生动地再现了 5.18 亿年前地球上海洋生物世界的真实面貌，将包括脊索动物在内的大多数现生动物门类的最早化石记录推至寒武纪初期。研究人员还发现了寒武纪巨型肉食动物和复杂的食物链，发现了动物集体行为、抚育、寄生等证据，充分展示了寒武纪大爆发的规模，以及其所产生的对生物多样性和复杂生态系统等的影响。

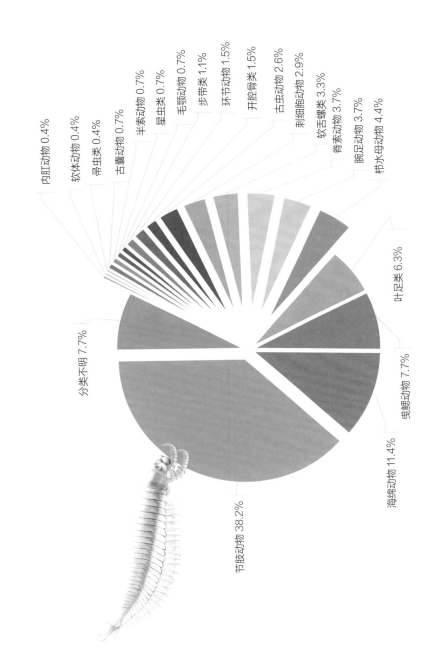

内肛动物 0.4%
软体动物 0.4%
帚虫类 0.4%
古囊动物 0.7%
半索动物 0.7%
星虫类 0.7%
毛颚动物 0.7%
步带类 1.1%
环节动物 1.5%
开腔骨类 1.5%
古虫动物 2.6%
刺细胞动物 2.9%
软舌螺类 3.3%
脊索动物 3.7%
腕足动物 3.7%
栉水母动物 4.4%

叶足类 6.3%

曳鳃动物 7.7%

分类不明 7.7%

海绵动物 11.4%

节肢动物 38.2%

图 5-4　澄江动物群中各主要动物门类的物种数量百分比

·形体构型多样性

寒武纪大爆发的第一个主要特征是动物门一级形体构型爆发式的辐射演化。根据已有的化石证据，在寒武纪早期，包括脊椎动物在内，几乎所有的动物门类都已经出现，还出现了许多造型奇特的动物。这些动物门类不是同时出现的，而是有先后，表现为多幕式辐射。同时伴有生物快速灭绝事件，多数生物在寒武纪出现，之后很快灭绝或逐渐灭绝。在此过程中出现了大量现生动物门类的过渡类型，它们为研究动物门类之间的演化关系提供了重要资料。

·生态系统复杂化

寒武纪大爆发的第二个主要特征是生态系统复杂化。动物占领海底沉积物内层和海水不同深度的水体空间，不断扩大生活范围。动物之间形成了高强度的捕食压力，构建了金字塔式的食物网结构。寒武纪快速建立起现代海洋生态系统的雏形，表明类似现代海洋生态系统在寒武纪已经形成。

寒武纪大爆发的特征

·动物形貌和器官的创新

寒武纪大爆发的第三个主要特征是动物形貌和器官的创新，包括形体构型多样化、身体结构复杂化、躯干骨骼化等。动物自此拥有可以步行的腿、用于呼吸的鳃、用于捕食的牙齿、能够处理信息的脑、能够支撑身体的脊索、能够产生视觉的眼睛等。

在寒武纪早期，包括脊椎动物在内的几乎所有动物形体构型（相当门一级分类）在相对短的地质时限内快速出现。

我国澄江动物群的发现和研究，大大地推动寒武纪大爆发的研究进程。新产地蕴藏着丰富多样的新类别化石，为全面揭示寒武纪生物面貌及后生动物主要门类的起源，提供了宝贵的第一手研究材料。

我国的关山生物群、凯里生物群也是重要的软躯体化石库，它们的时代早于布尔吉斯页岩生物群而晚于澄江动物群，在生物演化史上处于承前启后的位置。

2019年，在我国湖北省宜昌地区新发现的寒武纪清江生物群，又为我们打开了一扇了解过去的窗口。这些化石库为人类提供了丰富的信息，帮助人类探知寒武纪时期生物群落的发展和演化。

6. 澄江动物群中的明星化石

澄江动物群中
的明星化石

· 纳罗虫——澄江动物群中最先被发现的种类

纳罗虫（图 6-1、图 6-2）是澄江动物群中常见的节肢动物之一。澄江动物群中常见两类纳罗虫：一种是长尾纳罗虫，后来更名为长尾周小姐虫；另一种是刺尾纳罗虫。纳罗虫是与三叶形节肢动物和三叶虫有近亲关系的双分区节肢动物，以具有双分区结构和缺少真正的眼睛为特征。

1985 年，张文堂和侯先光在《古生物学报》上发表《*Naraoia* 在亚洲大陆的发现》一文，文中介绍了纳罗虫。这是第一篇介绍澄江动物群的文章，标志着澄江动物群的发现正式公布于世。

A. 长尾纳罗虫化石（标本体长约 4 厘米）
B. 刺尾纳罗虫化石（标本体长约 3 厘米）

图 6-1　纳罗虫化石

图 6-2　纳罗虫复原图（中国科学院南京地质古生物研究所供图）

·中华微网虫——拥有生命演化史上的"第一对腿"

中华微网虫（图6-3、图6-4）是体长可达5厘米的蠕虫状生物，背部有9对网状骨片，腹部有成对的有爪肉足。中华微网虫身体的这种网状骨片最早在小壳动物群中发现，它们是孤立保存的离散骨片。这些离散骨片究竟来自什么样的生物，是作为一个完整的生物个体，还是仅仅是某个生物体的零散部件，古生物学家长期对此感到困惑。直到在澄江动物群中发现了完整的中华微网虫化石，古生物学家才惊诧地得知这种奇特的骨片竟然是成对长在蠕虫状生物身体两侧的。长相奇特的中华微网虫被称为"来自外星球的生物"。这一发现在国际

图6-3　中华微网虫化石

图 6-4 中华微网虫复原图（中国科学院南京地质古生物研究所供图）

古生物学界引起了轰动，中华微网虫化石的照片登上了包括英国《自然》杂志在内的多家著名科学杂志的封面。

中华微网虫是叶足动物的代表。叶足动物在寒武纪非常繁盛，在澄江动物群中已经发现了 10 种以上。叶足动物拥有柔软的叶足型腿肢，叶足型腿肢是生命演化史上出现的"第一对腿"。"腿"的出现意味着生物进入了步行时代，地球上最大的优势类群——节肢动物的演化之门由此开启。

·帽天山开拓虾——寒武纪海洋巨无霸

帽天山开拓虾（图 6-5、图 6-6）是奇虾类的一种。奇虾类造型奇特，身体呈流线型，有 1 对分节的、用于猎食的前爪，用于游泳的桨状叶片和用于保持身体平衡的尾叶。口的直径可达 20 厘米，口腔内有环形排列的利齿。利齿具有很强的肢解能力，可捕食大型生物。当时的海洋动物平均大小只有几厘米，而奇虾类中有的物种个体可达 2 米以上，奇虾是当之无愧的巨型食肉动物。

1994 年，澄江动物群中奇虾类完整化石的发现在美国《科学》杂志上发表，引起全球各大媒体的广泛关注，奇虾类被称为"寒武纪的巨型怪兽"。不过，当时并没有对这件标本进行深入研究，以致多年来它都被当作另外一种奇虾——帚状奇虾向公众介绍。2022 年，中国古生物学家对这件珍贵的奇虾标本重新进行研究，发现它是一种新的奇虾物种，命名为帽天山开拓虾。

以帽天山开拓虾为代表的巨型食肉猛兽是当时海洋中的巨无霸，它们在寒武纪海洋中繁盛一时，占据了食物链的顶端。多样奇虾类物种的出现标志寒武纪大爆发时期金字塔式食物链的存在，以及复杂生态系统的建立。

图 6-5　帽天山开拓虾化石（图中展示身体前部，头上 1 对大眼睛和 1 对捕食的大附肢，完整标本长约 16 厘米）

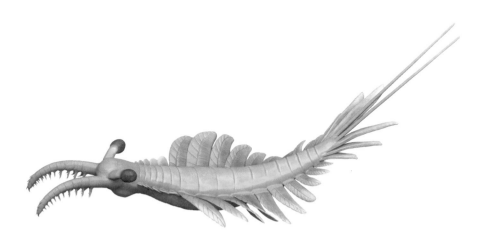

图 6-6　帽天山开拓虾复原图

·叶尾强钳虫——拥有大附肢的猎食者

叶尾强钳虫（图6-7）体长可达4厘米。头部呈盔状，边缘和表面平滑。头甲之下有1对侧眼、1对螯状的用于捕食猎物的大附肢和2对双肢型附肢。螯状附肢的柄由2节组成，螯由4节带刺的螯节组成。躯干分为20个背甲和1个尾甲。每个背甲下方有1对双肢型附肢。尾甲呈扇形。头部和躯干的双肢型附肢形态相近。腿肢呈7节；游泳肢呈叶片状，边缘有刚毛。

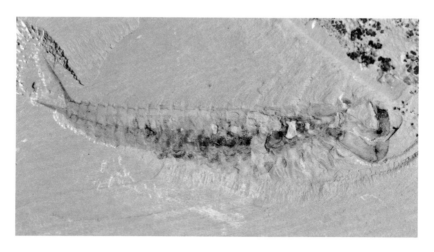

图6-7 叶尾强钳虫化石（标本体长4.5厘米）

　　叶尾强钳虫在澄江动物群中罕见。尽管它的体型很像现代的虾，但它在演化关系上很可能和蜘蛛的祖先更接近。这类具有大附肢的节肢动物是澄江动物群里主要的猎食者（图6-8），处于食物链上端。

图6-8　澄江动物群捕食场景复原图（左上为叶尾强钳虫）（杨定华绘）

·奇丽灰姑娘虫——拥有复眼好视力

奇丽灰姑娘虫（图6-9、图6-10）是原始的节肢动物，有1对大眼睛。古生物学家在澄江动物群里发现了保存完好的奇丽灰姑娘虫的复眼化石，该化石复眼由多达2000个小眼构成，相对大的小眼组成光敏感带。这种复眼已经与现生具有高清晰图像解析能力的昆虫或甲壳动物的复眼十分相似，是最早的关于后生动物复眼的宏观证据。奇丽灰姑娘虫的复眼表明，在寒武纪早期节肢动物已经拥有高度发达的视力，也表明在寒武纪时生物精细的神经系统已经演化到惊人的阶段。

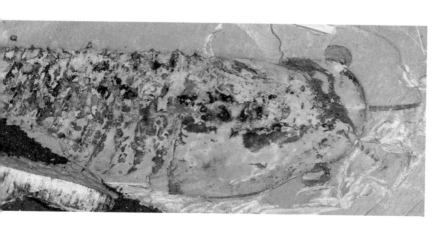

图6-9 奇丽灰姑娘虫化石（化石尾部没有保存，完整标本体长约7厘米）

图6-10 奇丽灰姑娘虫复原图（中国科学院南京地质古生物研究所供图）

·延长抚仙湖虫——现生节肢动物的远祖

延长抚仙湖虫（图6-11、图6-12）是真节肢动物中比较原始的类型。其成年个体体长可达10厘米以上，有31个体节。躯体分为头、胸、腹三部分。腿肢呈叶足状，数目众多，不与背甲分节一一对应，也就是说，背、腹分节数目不一致。这种背腹分节错配的现象在现生节肢动物中常见。延长抚仙湖虫头部具有双分节构造，第一头节对应带柄复眼，第二头节对应触角，触角之后有一对短小粗壮的附肢结构。普遍认为抚仙湖虫是现生昆虫类、多足类和甲壳类远祖的近亲。

图6-11　延长抚仙湖虫化石（标本体长约6厘米）

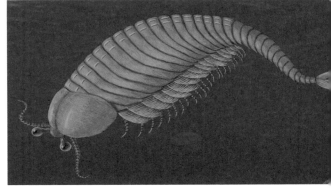

图6-12　延长抚仙湖虫复原图（中国科学院南京地质古生物研究所供图）

·耳材村海口鱼——最早的鱼形原始脊椎动物

耳材村海口鱼（图 6-13、图 6-14）具有典型的脊椎动物特征，有类似鱼类的鳍、V 字形和 W 字形肌节、原始脊椎、鳃裂，它属于早期的脊椎动物。

山口被囊虫、华夏鳗、云南虫、钟健鱼、海口鱼、昆明鱼等一系列重要的澄江动物群脊索动物化石的发现，表明脊索动物祖先在寒武纪早期已经出现。更为重要的是，脊索动物中原始脊椎动物的发现显示了寒武纪大爆发动物门类多样性的规模，证明了现生动物王国几乎所有动物门类在寒武纪大爆发时期已经出现。

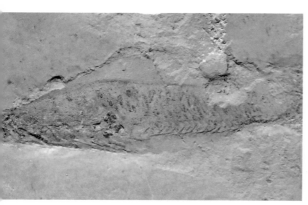

图 6-13 耳材村海口鱼化石（标本体长约 3 厘米）（胡世学供图）

图 6-14 耳材村海口鱼复原图（中国科学院南京地质古生物研究所供图）

古生物小百科

古生物学家如何给新发现的物种命名

奇丽灰姑娘虫、帽天山开拓虾、迷人林乔利虫……这些古生物的名字浪漫又充满想象力。那么，古生物学家如何给新发现的物种命名呢？

给新物种命名要遵守国际统一的命名规则，规则主要有两条。

第一，命名优先律。

这是指同一物种以最早起的名字为有效名称；之后再命名，便构成同物异名，后起的名称会作为无效名被废除。

第二，以双名法为基础。

双名法指物种名称由属名和种本名共同构成，属名在前，种本名在后。命名一律采用拉丁文或拉丁化的文字。在印刷物中，属名和种本名都要用斜体，属名首字母要大写。

命名人可以根据物种的形态、发现地、发现者或被纪念者的名字等起属名和种本名。比如，延长抚仙湖虫（*Fuxianhuia protensa*），以物种发现地附近的抚仙湖为属名，以化石整体形态的延长特征为种本名；铅色云南虫（*Yunnanozoon lividum*），以发现地所属的省份名为属名，以化石多呈铅灰色这一特征为种本名；为了纪念陈均远先生开拓创新的科学精神以及对澄江动物群、寒武纪大爆发研究的贡献，帽天山开拓虾（*Innovatiocaris maotianshanensis*）用"开拓"作为属名，用化石最初发现地——帽天山为种本名。

7. 结语

　　寒武纪大爆发的形成原因和背后驱动力是什么？这是一个非常难回答的科学问题，至今没有广为接受的说法。

　　地球和生活在地球上的生命共同构成了一个非常复杂的系统。寒武纪大爆发是在这个复杂系统内发生的非常复杂的自然历史过程，是生物因素和非生物因素相互作用的结果。要形成寒武纪大爆发，首先，要有生物生存所必需的环境条件，比如，海水含氧量达到一定程度；其次，需要具备生物自身演化的分子生物学基础，如重要基因和基因调控网络的创新积累到一定程度。在满足了这些必要条件后，由环境或自身因素激发，通过生态系统整体复杂的相互作用，寒武纪大爆发才得以完成。

　　当然，要完全解开寒武纪大爆发之谜，科学家们还有很长的路要走，但是随着新化石的不断发现，新理论和新技术的创新发展，我们相信最终一定会找到答案，解答达尔文的困惑。

科学家寄语

赵方臣

即便达尔文对寒武纪大爆发充满困惑，也不影响他的伟大，因为每个时代的科学研究都受到当时各项客观条件的限制。科学研究的任务正是突破局限、不断创新。